Hiralal Pawar

Retrofitting de componentes de edifícios reforçados pela técnica de ferrocimento

Hiralal Pawar

Retrofitting de componentes de edifícios reforçados pela técnica de ferrocimento

Readaptação de componentes de edifícios antigos e danificados por sismos, como vigas e pilares, utilizando revestimentos de ferrocimento

ScienciaScripts

Imprint

Any brand names and product names mentioned in this book are subject to trademark, brand or patent protection and are trademarks or registered trademarks of their respective holders. The use of brand names, product names, common names, trade names, product descriptions etc. even without a particular marking in this work is in no way to be construed to mean that such names may be regarded as unrestricted in respect of trademark and brand protection legislation and could thus be used by anyone.

Cover image: www.ingimage.com

This book is a translation from the original published under ISBN 978-620-2-31185-4.

Publisher:
Sciencia Scripts
is a trademark of
Dodo Books Indian Ocean Ltd. and OmniScriptum S.R.L publishing group

120 High Road, East Finchley, London, N2 9ED, United Kingdom
Str. Armeneasca 28/1, office 1, Chisinau MD-2012, Republic of Moldova, Europe
Managing Directors: Ieva Konstantinova, Victoria Ursu
info@omniscriptum.com

Printed at: see last page
ISBN: 978-620-3-51645-6

RECONHECIMENTO

Sinto que hoje estou em muito melhores condições devido à motivação e concentração proporcionadas pelos meus pais, professores e amigos em geral. O processo de conclusão deste trabalho de projeto foi um trabalho árduo e requer cuidados e apoio em todas as fases. Gostaria de realçar o papel desempenhado pelos indivíduos neste processo. Gostaria de expressar os meus sinceros agradecimentos aos meus alunos que trabalharam com sinceridade e concluíram muito bem este trabalho de investigação. Agradeço também à sociedade de ferrocimento da Índia por ter dado ideias e motivação para esta técnica.

Estou grato a todas as mãos visíveis e invisíveis que me ajudaram a concluir este projeto com um sentimento de sucesso.

Sr. Hiralal Pawar (Autor)

CONTEÚDO

ABREVIATURA

IS	Indian standard
ACI	American Concrete Institute
ASTM	American Society of Material Testing Plain
Pm	Mortar
Pfm	Plain Ferrocement Mortar
Pc	Plain Concrete
PPC	Pozzolona Portland Cement
OPC	Ordinary Portland Cement
SCC	Self-compacting concrete
GFRP	Glass Fiber Reinforced Polymer
FEA	Finite element analysis
CTM	Compressive testing machine
PCB	Plain reinforced concrete beam
FJB	Ferrocement jacketing reinforced concrete Beam

RESUMO

O ferrocimento é o material de construção constituído por malhas de arame e argamassa de cimento. A aplicação do ferrocimento em construções é vasta devido ao baixo peso próprio, à falta de trabalhadores qualificados, etc. A reabilitação é o processo de aumentar a resistência sísmica de uma estrutura danificada ou fraca através de técnicas adequadas. A reabilitação de uma estrutura danificada por um sismo é feita através da reparação e do reforço das partes danificadas da estrutura, tornando-a reutilizável. O ferrocimento é utilizado como reforço devido à sua fácil disponibilidade, economia, durabilidade e à sua propriedade de ser moldado em qualquer forma sem necessidade de cofragem significativa. No presente trabalho, a malha quadrada de arame soldado (1,16 mm de diâmetro e grelha de 15 mm × 15 mm) é utilizada nos espécimes para aumentar a resistência à compressão e fornecer 2-3 camadas de revestimento de ferrocimento. Foram moldados os cubos de argamassa e a rede quadrada de arame soldado utilizada nos cubos de argamassa. Testámos sob carga compressiva e obtivemos o resultado de que a resistência à compressão do cubo de argamassa de malha de arame soldado quadrada é superior à do cubo de argamassa. Também foram moldados os espécimes de viga de ferrocimento de tamanho 70mm X 70mm X 350mm para a capacidade de flexão do ferrocimento e testados espécimes de viga reforçada de tamanho 150mm X 150mm X 700mm com ou sem revestimento de reforço de malha. Utilizando técnicas de ferrocimento, aplicando duas camadas de malha de soldadura quadrada e outra combinação de duas camadas de malha de soldadura quadrada com uma camada de malha hexagonal sob a força de flexão de carga de um ponto. Neste caso, os espécimes de viga e de coluna têm dimensões semelhantes e são considerados para obter os mesmos resultados de ensaio.

Palavras-chave: Ferrocimento, Reabilitação, Resistência sísmica, Rede quadrada de arame soldado, Carga de compressão

CAPÍTULO 1

INTRODUÇÃO

Generalidades: As estruturas de CCR construídas no mundo desenvolvido sofrem frequentemente danos, mesmo antes do seu período de serviço, devido a algumas causas, tais como conceção inadequada, mudança de utilização do edifício, construção defeituosa, alteração das disposições do código, terramotos, explosões, desgaste, inundações, incêndios, etc. Estas estruturas requerem reparação ou manutenção imediatas e medidas corretivas adequadas, de modo a que possam voltar a ser utilizadas de forma funcional através de técnicas adequadas de adaptação e reforço. O revestimento de ferrocimento é considerado uma técnica atractiva para reforçar estruturas antigas ou fracas devido às suas propriedades, tais como boa resistência à tração, leveza, economia global, estanquidade à água, fácil aplicação e longa duração do tratamento. Existem vários elementos estruturais no edifício, tais como colunas, vigas, paredes, lajes, tanques de água, fossas sépticas, etc., que perdem a sua resistência funcional devido a várias causas, pelo que é necessário reequipar o elemento estrutural através de técnicas de revestimento de ferrocimento.

Os pilares e as vigas são o elemento estrutural mais importante de qualquer estrutura que transfere todas as cargas para a fundação. Os pilares reforçados de uma estrutura envelhecem devido a várias razões, como sobrecarga, corrosão do aço, terramotos, cargas de vento mais elevadas, incêndios, cargas de impacto, etc. Por conseguinte, o reforço dos pilares deficientes é necessário para aumentar a capacidade de carga e evitar a dilatação, o que pode ser conseguido através do confinamento externo do pilar. O encamisamento é um dos métodos mais populares e económicos para o reforço de colunas. Alguns dos materiais utilizados no revestimento de colunas são o ferrocimento, a fibra de vidro, a fibra de aramida, a fibra de carbono, etc. O ferrocimento é uma forma especial de betão armado que apresenta uma dispersão uniforme do reforço na matriz e oferece uma melhor resistência à tração e à flexão, à fratura, à tenacidade, ao controlo de fissuras e à resistência ao impacto.

1.1 Ferrocimento: O ferrocimento pode ser considerado um tipo de construção de betão armado fino em que são utilizadas grandes quantidades de malhas de arame de pequeno diâmetro uniformemente ao longo da secção transversal em vez de barras de reforço colocadas discretamente e em que é utilizada argamassa de cimento Portland em vez de betão. A malha metálica é o tipo mais comum de armadura. As malhas feitas de fibras de vidro resistentes aos álcalis e os tecidos feitos de fibras vegetais, como a juta-burracha e o bambu, também foram experimentados como reforço. Este trabalho recente trata de malhas de fio de aço. A composição e as propriedades do ferrocimento fabricado com malhas de arame de aço são normalmente utilizadas.

1.1.1 Componentes do ferrocimento: O ferrocimento é um elemento fino composto que é construído com materiais de construção tais como malha de reforço de aço, cimento, agregado fino (areia) e água (Comité ACI 549R-97) e cada um destes materiais é descrito separadamente nesta secção.

1.1.1.1 Cimento: O cimento Portland é geralmente utilizado no ferrocimento. Mas o tipo de cimento deve ser selecionado de acordo com a necessidade ou o ambiente em que a estrutura é construída, por exemplo, o cimento ASTM Tipo I-V menciona as caraterísticas de resistência do cimento e a sua utilização/aplicação específica (ACI 549, IR 93). Os aditivos minerais, tais como cinzas volantes, fumos de sílica ou escória de alto-forno, podem ser utilizados para manter uma elevada fração volumétrica de material de enchimento fino, bem como para melhorar as propriedades nos estados húmido e endurecido.

1.1.1.2 Agregado: No ferrocimento, apenas é utilizado agregado fino (areia). O agregado grosso não é utilizado no ferrocimento. Normalmente, o agregado é constituído por um agregado fino bem graduado (areia) que passa num peneiro de 2,36 mm; a areia deve ser preferencialmente selecionada a partir de leitos de rios e estar isenta de matéria orgânica ou de outras matérias deletérias. A boa consistência e a compatibilidade são conseguidas através da utilização de areia natural, arredondada e bem graduada, com um tamanho máximo de topo. O teor de humidade do agregado deve ser considerado no cálculo da água necessária. Os agregados que reagem com os álcalis do cimento devem ser evitados. Quando os agregados podem ser reactivos, devem ser testados de acordo com a norma ASTM C 227. Os agregados finos leves também podem ser utilizados para o ferrocimento. Devem cumprir os requisitos para o agregado fino indicados na norma ASTM C 330. As cinzas vulcânicas, as escórias de alto-forno, os finos de xisto expandido, a pedra-pomes, a vermiculite e os plásticos inertes resistentes aos álcalis podem ser adequados como agregados leves. A utilização de agregados leves em vez de agregados de peso normal leva a uma redução da resistência da argamassa. Assim, podem ser necessários ajustamentos correspondentes no projeto estrutural.

1.1.1.3 Água: No ferrocimento, a água utilizada para a mistura da argamassa de cimento deve ser fresca, limpa e própria para a construção; a água de pH igual ou superior a 7 e isenta de matéria orgânica como silte, óleo, açúcar, cloreto e material ácido (Comité ACI 549R-97).

1.1.1.4 Malha de reforço de aço: de acordo com o comité ACI 549, o reforço mais utilizado no ferrocimento é a malha de arame, o tecido de arame soldado, o reforço de malha metálica expandida Barras, fios e cordões de pré-esforço Fibras descontínuas e reforço não metálico. As malhas de arame mais comuns têm uma abertura hexagonal ou quadrada. As malhas com aberturas hexagonais são por vezes designadas por malha de rede de galinheiro ou malha de aviário. Não são estruturalmente tão eficientes como as malhas com aberturas quadradas porque os fios nem sempre estão orientados nas direcções das tensões principais (máximas). O reforço deve estar limpo e isento de materiais nocivos, tais como poeiras, ferrugem solta e revestimentos de tinta, óleo ou substâncias semelhantes. A malha de arame com fios estreitamente espaçados é o reforço mais comummente utilizado no ferrocimento. O metal expandido, o tecido de arame soldado, os fios ou varões, os tendões de pré-esforço e as fibras descontínuas estão também a ser utilizados em aplicações especiais ou por razões de desempenho ou económicas. O ferrocimento utiliza camadas de fios de aço contínuos ou de pequeno diâmetro ou redes de malha soldada (metálicas ou não metálicas) como reforço. A elevada fração volumétrica do reforço (2 a 8%) e a superfície específica do reforço são consideravelmente mais elevadas para o ferrocimento do que para o CCR. Além disso, a malha de arame de aço da armadura tem aberturas suficientemente grandes para uma ligação adequada; a distribuição mais próxima e a dispersão uniforme da armadura transformam a argamassa, que de outra forma seria frágil, num material de elevado desempenho, distintamente diferente do betão armado. Os varões/arames/troncos de aço esqueléticos são utilizados como material espaçador e para formar o esqueleto da forma da estrutura a construir, em torno do qual as camadas de malha são posteriormente fixadas. As malhas de reforço para utilização em ferrocimento devem ser avaliadas quanto à sua suscetibilidade de tomar e manter a forma, bem como quanto ao seu desempenho em termos de resistência no sistema compósito.

1.1.1.5 Propriedades do ferrocimento: As propriedades únicas do ferrocimento são descritas em pormenor nesta secção

> O ferrocimento tem uma elevada resistência à tração e rigidez e uma melhor resistência ao impacto e ao corte por perfuração do que o betão armado, devido ao reforço bidimensional do sistema de malha

> grandes deformações antes da fissuração ou grandes deformações antes do colapso

> A elevada área de superfície confere caraterísticas dúcteis ao ferrocimento, apesar de a argamassa ser pouco dúctil; por conseguinte, são adoptadas malhas com aberturas quadradas e hexagonais.

> O módulo de elasticidade do ferrocimento com CM 1:2 é comparável ao do betão de classe M40 e o CM 1:3 é o do betão de classe M35, e a resistência à compressão da argamassa de cimento 1:3 (cimento: areia) é de cerca de 20 MPa.

> O ferrocimento é caracterizado pela sua maior resistência à fissuração, em comparação com o betão armado; as fissuras no ferrocimento são mais estreitas e em maior número.

> As fissuras devidas a um impacto ocasional ou a uma sobrecarga são reparáveis (Comité ACI

549-R97; Comité ACI IR-88 & IR-93). Biggs (1972) salienta que os danos devem ser reparados rapidamente porque, embora o ferrocimento tenha boa resistência a um único impacto, os impactos repetidos com níveis de carga muito inferiores ao impacto inicial pulverizarão a argamassa.

> Independentemente do facto de a matriz estar ou não fissurada, um problema exclusivo do ferrocimento é a sua potencial fraca resistência ao fogo devido à espessura inerente das suas formas estruturais e ao recobrimento anormalmente baixo da armadura. Existe pouca informação na literatura sobre os ensaios ao fogo efectuados em ferrocimento.

> É um material muito durável, barato e versátil.

> A baixa relação a/c produz estruturas impermeáveis, etc.

1.1.3 Vantagens do ferrocimento: as vantagens mais comuns do ferrocimento **são** as seguintes

> É altamente versátil e pode ser moldado em quase todas as formas para uma vasta gama de utilizações.

> 20% de poupança de material e de custos.

> Aptidão para a pré-fabricação.

> Flexibilidade de corte, perfuração e junção.

> Elevada ductilidade.

> Elevada resistência à fissuração em largura.

> Capacidade de sofrer grandes deformações.

> Baixo custo de manutenção.

> Boa impermeabilidade.

> Boa resistência ao fogo.

> Melhorar a resistência ao impacto e a tenacidade.

> Baixa relação resistência/peso.

1.1.4 Aplicações do ferrocimento: Como elementos estruturais finos, o ferrocimento tem sido utilizado em numerosas aplicações, desde estruturas de engenharia a aplicações arquitectónicas, tais como chapas, placas, cascas, cascos, e também na construção do tipo sanduíche, utilizando peles finas, e em construções em que a redução do peso próprio, a melhoria da permeabilidade à água e o desenvolvimento de fissuras de largura muito fina são essenciais.

1.1.4.1 Aplicação marítima: são as seguintes as aplicações marítimas importantes.

> Barcos, navios de pesca, barcaças, rebocadores de carga, bóias de flutuação.

> Critérios-chave para a aplicação marítima: leveza, resistência ao impacto, espessura e estanquicidade.

1.1.4.2 Água e saneamento: Seguem-se as aplicações importantes no domínio da água e do saneamento.

> Tanque de água, tanque de sedimentação, revestimentos de piscinas, revestimento de poços e fossas sépticas, etc.

1.1.4.3 Agricultura: Seguem-se as aplicações agrícolas mais importantes.

> Caixas de armazenagem de cereais, silos, revestimento de canais, tubos, conchas para piscicultura e avicultura

1.1.4.4 Edifício residencial: as aplicações residenciais mais importantes são as seguintes.

> Casas, centros comunitários, elementos de habitação pré-fabricados, telhas onduladas, painéis de parede, etc.

1.2 Betão de cimento armado: O betão de cimento armado como material de construção tem sido utilizado no último século. Na Índia, o betão de cimento armado tem sido amplamente utilizado nos últimos 50-60 anos. Durante este período, criámos um grande número de infra-estruturas em termos de edifícios, pontes e estádios desportivos. Esta é a linha de vida da sociedade civilizada. As disposições em matéria de durabilidade foram realçadas no "Código de práticas do betão simples e armado" revisto (IS 456-2000). Esta norma indiana (quarta revisão) foi adoptada pelo Gabinete de Normas Indiano, depois de o projeto finalizado pelo Comité Seccional do Cimento e do Betão ter sido aprovado pelo Conselho da Divisão de Engenharia Civil. Esta norma foi publicada pela primeira vez em 1953 com o título "Code of practice for plain and reinforced concrete for general building construction" e posteriormente revista em 1957. O código foi novamente revisto em 1964 e publicado com o título modificado "Code of practice for plain and reinforced concrete", alargando assim o âmbito de utilização deste código a outras estruturas para além da construção geral de edifícios. A terceira revisão foi publicada em 1978 e incluía a abordagem do estado limite para o projeto. Esta é a quarta revisão da norma. Esta revisão foi efectuada com o objetivo de acompanhar o rápido desenvolvimento no domínio da tecnologia do betão e de introduzir novas alterações/melhorias à luz da experiência adquirida com a utilização da versão anterior da norma.

1.2.1 Componentes do betão de cimento armado: O betão de cimento armado como material de construção tem vindo a ser utilizado no último século. Os materiais de construção são o cimento, a areia, o agregado, a armadura e a água (IS 456:2000) e cada um destes materiais é descrito separadamente na secção seguinte.

1.1.1.1 Cimento: O tipo de cimento deve ser selecionado de acordo com as necessidades ou o ambiente. Outras combinações de cimento Portland com aditivos minerais de qualidade conforme às normas indianas relevantes estabelecidas podem também ser utilizadas no fabrico de betão, desde que existam dados satisfatórios sobre a sua adequação, tais como ensaios de desempenho do betão que os contenha. Os aditivos minerais, tais como cinzas volantes, fumos de sílica ou escórias de alto-forno, podem ser utilizados para manter uma elevada fração volumétrica de material de enchimento fino, bem como para melhorar as propriedades nos estados húmido e endurecido. O cimento deve ser medido com base no peso e em sacos inteiros, cada saco pesando 50 kg, o que equivale a 35 litros de volume.

1.1.1.2 Agregado: A camada e o agregado fino devem ser agrupados separadamente. O agregado completo só pode ser utilizado quando especificamente autorizado pelo engenheiro responsável. Deve ser areia natural de rio ou pedra quebrada que satisfaça todos os requisitos IS. Devem ser limpos, fortes e duros. A dimensão máxima das partículas deve ser de 5 mm. Outros tipos de agregados, tais como vela e tijolo ou telha queimados e triturados, podem ser considerados adequados em termos de resistência. A durabilidade do betão e a ausência de efeitos nocivos podem ser utilizadas para elementos de betão simples. Mas esses agregados não devem conter mais de 0,5% de sulfatos como SO_3 e não devem absorver mais de 10% da sua própria massa de água.

A dimensão nominal máxima do agregado grosso deve ser tão grande quanto possível dentro dos limites especificados, mas nunca superior a um quarto da espessura mínima do elemento, desde que o betão possa ser colocado sem dificuldade de modo a envolver completamente todas as armaduras e a preencher os cantos da forma. Quando não houver restrições ao fluxo de betão nas secções, pode ser permitido um tamanho de 40 mm ou superior. Em elementos de betão com secções finas, armaduras muito espaçadas ou coberturas pequenas, deve ser considerada a utilização de uma dimensão nominal máxima de 10 mm.

1.1.1.3 Água: A água utilizada para a mistura e a cura deve estar limpa e isenta de quantidades prejudiciais de óleos, ácidos, álcalis, sais, açúcar, materiais orgânicos ou outras substâncias que possam ser prejudiciais para o betão ou o aço. A água potável é geralmente considerada satisfatória para a mistura num betão.

1.1.1.4 Reforço de aço: A armadura deve ser de aço macio e de barras de aço de média resistência, de acordo com a norma IS 432 (Parte I). Todas as armaduras devem estar isentas de escamas de milho, ferrugem solta e camadas de tintas, óleo, lama ou quaisquer outras substâncias que possam destruir ou reduzir a ligação. Recomenda-se a utilização de jato de areia ou outro tratamento para limpar as armaduras. Em casos excepcionais e para a reabilitação da estrutura, podem ser necessárias precauções especiais, como o revestimento das armaduras, para os elementos de betão armado. Nestes casos, pode ser consultada literatura especial. O módulo de elasticidade do aço deve ser considerado como 200 kN/mm^2 . As caraterísticas da tensão de cedência dos diferentes aços devem ser consideradas como a tensão de cedência mínima/0,2 por cento da tensão de prova especificada na norma indiana relevante.

1.2.2 Vantagens do betão de cimento armado:

> O betão armado tem uma elevada resistência à compressão em comparação com outros materiais de construção.

> Devido às armaduras previstas, o betão armado também pode suportar uma boa quantidade de tensões de tração.

> A resistência do betão armado ao fogo e às intempéries é razoável.

> O sistema de construção em betão armado é mais durável do que qualquer outro sistema de construção.

> O betão armado, como material fluido, pode, à partida, ser moldado economicamente numa gama quase ilimitada de formas.

> O custo de manutenção do betão armado é muito baixo.

> Funciona como uma barra rígida com uma deflexão mínima.

1.2.3 Desvantagens do betão de cimento armado:

> A resistência à tração do betão armado é cerca de um décimo da sua resistência à compressão.

> As principais etapas da utilização do betão armado são a mistura, a moldagem e a cura. Tudo isto afecta a resistência final.

> O custo das formas utilizadas para a fundição é relativamente mais elevado.

> No caso de edifícios de vários andares, a secção do pilar de CCR é maior do que a secção de aço, uma vez que a resistência à compressão é menor no caso de.

> A contração provoca o desenvolvimento de fissuras e a perda de resistência.

1.3 Retrofitting: Até à data, o terramoto é uma das catástrofes naturais mais imprevisíveis e devastadoras que causam danos consideráveis à estrutura. Estes danos resultam na perda de vidas e bens. "O que fazer com as actuais estruturas antigas e danificadas por sismos?" observou-se que a maioria destas estruturas pode ser reutilizada em segurança se forem reforçadas sismicamente através de algum método. A readaptação é uma escolha melhor e mais económica do que a demolição e a reconstrução. É um dos aspectos mais importantes da atenuação, especialmente em áreas propensas a sismos, o que reduzirá os danos causados pelo sismo.

Nos últimos anos, a indústria da construção tem assistido a uma procura crescente de reforço e modernização das estruturas de betão existentes. Este facto pode ser atribuído a várias causas, tais como a degradação do ambiente, as inadequações do projeto, as más práticas de construção, a falta de manutenção regular, a revisão dos códigos de boas práticas, o aumento das cargas e das condições sísmicas, etc. Na Índia, a maioria das estruturas de betão armado é concebida para cargas gravíticas de acordo com a norma IS 456:2000. Estas estruturas são susceptíveis de sofrer danos durante um terramoto. Durante um sismo grave, é provável que a estrutura sofra deformações inelásticas e tem de depender da ductilidade e da capacidade de dissipação de energia para evitar o colapso. Estes edifícios concebidos para cargas gravitacionais têm de ser reforçados para aumentar a resistência, a rigidez e a ductilidade. O encamisamento é uma das técnicas mais frequentemente utilizadas para reforçar pilares de betão armado (RC). A resistência axial, a resistência à flexão e a rigidez do pilar original são aumentadas nos pilares adaptados.

Define-se como o processo de aumentar a resistência sísmica de um edifício danificado ou em vias de ser destruído por técnicas adequadas. A reabilitação de edifícios danificados por sismos é feita através da reparação e do reforço das partes danificadas do edifício, tornando-o reutilizável.

1.3.1 Necessidade de readaptação: para além disso, a readaptação de um edifício deve ser efectuada nos seguintes casos

> Atualização do código.

> Mudança de utilização do edifício.

> Edifício importante.

> Também é necessário em caso de ampliação de um edifício.

> O custo da reconstrução é muito mais elevado do que o da adaptação.

> A reabilitação leva muito menos tempo do que a reconstrução.

> Se o custo da reabilitação for inferior a 50% do custo da reconstrução, esta reabilitação é efectuada.

1.3.2 Métodos de reequipamento: são várias as técnicas de reequipamento utilizadas em paredes de alvenaria e estruturas RC para reparar ou aumentar a resistência da estrutura

> Betumação

> Pistola

> Pedra de ligação

> Rebite curto

> Sistema de talas e ligaduras

> Confinamento da alvenaria

> Revestimento da viga, do pilar e da ligação viga-pilar

> Utilização de polímeros reforçados com fibras

> Acrescentar uma parede de corte, uma parede de enchimento e um contraventamento

> Isolamento sísmico da base

> Amortecedores sísmicos

Atualmente, são utilizadas várias técnicas de reparação e reforço de estruturas de betão armado. Infelizmente, a maioria delas é muito dispendiosa, consome muito tempo e exige a interrupção da utilização da estrutura enquanto os trabalhos são efectuados. Assim, há uma necessidade urgente de desenvolver técnicas melhoradas, de baixo custo e menos perturbadoras, que tornem economicamente viáveis as intervenções necessárias em muitas estruturas.

O encamisamento de pilares com betão armado novo tem sido utilizado com frequência em alguns países; os resultados da investigação experimental sobre a eficácia desse encamisamento têm sido limitados. O objetivo desta investigação é investigar a eficácia de várias metodologias de encamisamento no desempenho de pilares encamisados, tais como a resistência, a rigidez, a ductilidade e a capacidade de dissipação de energia.

1.3.3 Metodologia: para a reabilitação sísmica: as várias etapas da reabilitação sísmica de um edifício são explicadas a seguir

> A resistência sísmica disponível do edifício é estimada após testes e estudos pormenorizados.

> Os métodos de reabilitação sísmica são recomendados para os edifícios com base em estudos pormenorizados de vários componentes dos edifícios e da sua viabilidade nas condições actuais.

> A análise de custos dos vários métodos é feita para escolher a opção mais adequada, prática e económica. Sugere-se que o custo da adaptação seja inferior a 50% do custo de substituição.

> É planeado para o edifício um procedimento de reabilitação pormenorizado e exaustivo, que é executado da melhor forma possível.

> O edifício adaptado é analisado de acordo com o código atual e a sua avaliação sísmica é feita para ver o desempenho sísmico melhorado.

1.4 Descrição do problema: Após o terramoto, os vários elementos de um edifício sofrem danos, em vez de o demolir para recuperar o seu estado de utilização durante um longo período. devido ao efeito do terramoto ou a quaisquer outras causas, tais como sobrecarga, conceção inadequada, mudança de utilização do edifício, construção defeituosa, alteração da disposição do código, terramotos, explosão, desgaste, inundação, incêndio, etc. Aqui fornecemos malha de arame de abertura quadrada com duas ou três camadas, para reforçar estruturas antigas ou fracas.

1.5 Objectivos: Os objectivos mais comuns do revestimento de ferrocimento são os seguintes

> Para o reforço de estruturas antigas ou fracas.

> A fissura desenvolvida no elemento estrutural, como pilar, viga, laje, etc., é minimizada.

> Evitar a demolição do edifício através da colocação de um revestimento de ferrocimento no elemento danificado.

> O aumento da ductilidade é um dos principais requisitos das estruturas sujeitas a forças sísmicas.

> Estudar o comportamento dos pilares com diferentes percentagens de armadura longitudinal e chegar a uma percentagem favorável de armadura longitudinal em relação a vários parâmetros, tais como a capacidade de carga, a ductilidade e a capacidade de dissipação de energia.

1.6 Âmbito do trabalho do projeto: O comportamento de pilares e juntas de betão armado depende da quantidade de armadura. O âmbito do trabalho inclui um estudo sobre o efeito no comportamento dúctil de pilares de betão armado sob carga cíclica lateral com uma percentagem variável de armadura longitudinal.

Os pórticos de betão armado sem proteção sísmica são frequentemente caracterizados por um comportamento estrutural insatisfatório devido à baixa ductilidade disponível e à falta de resistência que, por sua vez, induzem um mecanismo de rotura global.

Por isso, é essencial reequipar o edifício para fazer face ao próximo sismo prejudicial. O âmbito do trabalho envolve a investigação experimental para estudar o comportamento estrutural de colunas reforçadas com polímero reforçado com fibra de vidro (GFRP), fibra de carbono

Polímero reforçado (CFRP), revestimento de betão reforçado (RC), chapa de aço.

Fita de aço, revestimento de aço ondulado e revestimento de ferro-cimento da base do pilar. Envolve também uma investigação analítica para estudar o comportamento estrutural de pilares reforçados por revestimento de betão armado.

CAPÍTULO 2

PESQUISA BIBLIOGRÁFICA

2.1 Revisão da literatura: Muitos trabalhos de investigação deram um contributo importante para o desenvolvimento da minha compreensão da conceção, construção e ensaio da utilização do ferrocimento na tecnologia de reabilitação. Diferentes trabalhos de investigação ajudaram-me a escolher os parâmetros para o trabalho de projeto. Estes trabalhos também me ajudaram a considerar os aspectos de campo das actividades de construção para efeitos de conceção. Estes estudos de investigação ajudaram-me a decidir o programa de trabalho, as dimensões dos provetes e os ensaios de disposição do trabalho realizado.

Alam, M.R., et. al (2013) [1] estudou que a melhoria da técnica de encamisamento quadrado no reforço efetivo do pilar de uma estrutura RC existente, a técnica de encamisamento quadrado não pode proporcionar eficazmente o confinamento lateral devido à concentração de tensões e subsequente fissuração nos cantos. Para ultrapassar este problema, são tidas em conta duas abordagens diferentes, ou seja, reforçar todos os cantos e reduzir as concentrações de tensões nos cantos. Neste estudo, são considerados três tipos de técnicas de revestimento quadrado segundo estas duas abordagens. Os resultados dos ensaios e o padrão de fissuras mostram que ambas as abordagens são eficazes para ultrapassar o problema da concentração de tensões no revestimento quadrado.

Dubey, R. e Kumar, P. (2016) [2] investigaram que o confinamento externo com recurso a camisas pode aumentar adequadamente a resistência e a ductilidade dos pilares cilíndricos de betão armado. Este artigo engloba uma investigação experimental para estudar a eficácia e a adequação das misturas de betão auto-adensável (SCC) como material de reequipamento e a sua utilização como camisa para pilares cilíndricos. Os resultados dos ensaios revelaram a utilização eficaz do betão auto-adensável como material de reabilitação. A camisa de betão-cola com WWM como reforço aumenta a capacidade de carga final do espécime de pilar. O fator de ductilidade também é calculado após o reequipamento com misturas de carvões de carbono.

Patil, S.S, et. al (2012) [3] estudou que as placas de ferrocimento são mais frequentemente utilizadas como material de reabilitação nos dias de hoje devido à sua fácil disponibilidade, economia, durabilidade e à sua propriedade de serem moldadas em qualquer forma sem necessidade de cofragem significativa. O ferrocimento como material de reabilitação pode ser bastante útil porque pode ser aplicado rapidamente à superfície do elemento danificado sem a necessidade de qualquer material de ligação especial e também requer menos mão de obra qualificada, em comparação com outras soluções de reabilitação atualmente existentes. A construção em ferrocimento tem uma vantagem sobre o material de betão armado convencional devido ao seu peso mais leve, à facilidade de construção, ao baixo peso próprio, à secção mais fina em comparação com o CCR e à elevada resistência à tração, o que o torna também um material favorável à pré-fabricação. Na presente tese, as vigas RC inicialmente sujeitas a uma percentagem pré-fixada da carga de segurança são adaptadas com ferrocimento para aumentar a resistência da viga ao cisalhamento e à flexão, sendo a malha de frango colocada ao longo do eixo longitudinal da viga. Do estudo conclui-se que a capacidade de carga segura de elementos rectangulares de betão armado reequipados com laminados de ferrocimento aumenta significativamente com a utilização de malha de galinheiro para o reequipamento.

Wang Chuanlin, et. al (2016) [4] investigam o método convencional, mas prático, de reabilitação de paredes de alvenaria, juntamente com a modelação numérica das mesmas sob carga de cisalhamento-compressão lateral no plano. Este último é capaz de prever a carga de colapso experimental e o comportamento geral com bastante precisão. A abordagem de reabilitação baseia-se na construção de uma parede paralela a uma parede de folha única existente e na ligação das duas folhas através de uma junta de argamassa (colarinho), fundindo os dois painéis individuais numa parede de folha dupla unificada. O presente documento apresenta experiências sobre esta abordagem de reabilitação para paredes de alvenaria não danificadas e danificadas. Os testes revelaram que a aplicação antes da danificação pode aumentar a resistência em 50%, enquanto a aplicação após a danificação pode restaurar a resistência inicial. Foi concebido um modelo numérico à microescala, considerando os tijolos como elementos rígidos e a junta de argamassa como uma superfície de rotura não linear. O modelo foi estudado com base na necessidade da indústria da construção de procurar um componente de reforço fiável e mais barato para as estruturas de betão armado, o que levou à utilização do ferrocimento, que se revela uma solução promissora. Este artigo descreve o comportamento estrutural a curto prazo de uma viga reforçada com laminado de ferrocimento e identifica as suas vantagens. A viga reforçada com laminado de ferrocimento é comparada com uma viga de controlo para analisar as vantagens da utilização do ferrocimento. A partir da experiência efectuada, a viga reforçada com ferrocimento demonstra ter uma carga de fendilhação e uma carga última mais elevadas, bem como uma deflexão mais baixa em comparação com uma viga normal.

Bong, J.H.L e Ahmed, E. (2010) [5] estudaram que a necessidade da indústria da construção de procurar um componente de reforço fiável e mais barato para a estrutura de betão armado levou à utilização do ferrocimento, que se revela uma solução promissora. Este artigo descreve o comportamento estrutural a curto prazo da viga reforçada com laminado de ferrocimento e identifica as suas vantagens.

Benipal Garbir Singh e Singh Kamaldeep (2015) [6] estudaram que são utilizadas várias técnicas de reequipamento no terreno e que, de todas, a técnica de ligação de placas é considerada a melhor. Nesta técnica, as placas de diferentes materiais, nomeadamente CFRP, GFRP, ferrocimento, etc., são coladas à superfície do elemento estrutural para aumentar a sua resistência. Atualmente, as placas de ferrocimento são mais frequentemente utilizadas como material de adaptação devido à sua fácil disponibilidade, economia, durabilidade e à sua propriedade de serem moldadas em qualquer forma sem necessidade de cofragem significativa. No presente trabalho, foi estudado o efeito da orientação das malhas de arame na resistência de vigas sujeitas a tensões, equipadas com revestimentos de ferrocimento. As vigas são sujeitas a tensões até 75% da carga de segurança e, em seguida, são equipadas com revestimentos de ferrocimento com malha de arame em diferentes orientações. Os resultados mostram que o aumento percentual da capacidade de carga das vigas equipadas com revestimentos de ferrocimento com rede metálica num ângulo de 0, 45 e 60 graus em relação ao eixo longitudinal da viga varia entre 45,87 e 52,29%. Também se observa um aumento considerável na absorção de energia para todas as orientações. No entanto, a orientação de 45 graus mostra um aumento percentual mais elevado na absorção de energia, seguida de 60 e 0 graus, respetivamente.

Gupta Charu, et. al (2016) [7] investigou que a mudança de componentes estruturais de betão armado que apresentam dificuldades, mesmo antes do fim do seu período de serviço, se deve a várias causas. Essas estruturas inutilizáveis requerem atenção imediata. E isso foi feito através da substituição do betão armado por ferrocimento. Foi determinado que a capacidade de carga da junta viga-pilar adaptada com ferrocimento foi aumentada.

Makki Ragheed fatehi (Sep 2014) [8] Investigou o comportamento de vigas de betão armado adaptadas com ferrocimento para aumentar a resistência das vigas ao cisalhamento e à flexão. Dez vigas de betão armado foram moldadas para estudar diferentes parâmetros, como o reforço ao cisalhamento (estribos), diferentes diâmetros da malha metálica utilizada na reabilitação, são utilizados dois tipos de reabilitação, o primeiro de reforço e o segundo de reparação; as vigas são inicialmente sujeitas a tensões para uma percentagem pré-fixada diferente da carga máxima e, por fim, é utilizado um método mecânico para fixar a rede metálica de ferrocimento utilizando parafusos para eliminar a desossa do ferrocimento e tentar atingir a resistência máxima à tração do ferrocimento. Os resultados experimentais indicaram que a técnica de reabilitação de reforço e reparação de vigas de betão armado utilizando o sistema de ferrocimento é aplicável e pode aumentar a carga última do reforço e da reparação; também os resultados dos ensaios para o reforço de vigas mostraram que o efeito do diâmetro da malha de arame de ferrocimento na resistência última das vigas de betão armado.

Vaghani Mniakshi v., et. al (2014) [9] Estudou que se espera um maior grau de danos num edifício durante um sismo. A decisão de reforçar o edifício antes da ocorrência de um sismo depende da sua resistência sísmica. O sistema estrutural de um edifício deficiente deve ser adequadamente reforçado de modo a atingir o nível desejado de resistência sísmica. A norma indiana é bem aceite na maior parte do Sudeste Asiático, que é uma zona sísmica proeminente. Uma vez que a maior parte das estruturas nesta região são normalmente construídas sem respeitar as disposições dúcteis, a possibilidade de utilização da estrutura danificada após qualquer sismo é de grande importância. O edifício existente pode ser adaptado através de várias técnicas, tais como o revestimento de vigas, colunas ou juntas existentes, a utilização de cimento reforçado com fibras, o confinamento da coluna através de uma grelha composta incorporada, a utilização de painéis de cisalhamento metálicos (aço e alumínio), a utilização de argamassa reforçada com fibras de aço, a utilização de polímeros reforçados com fios de aço, o reforço de aço, a modificação da forma da coluna, o pré-esforço externo e o pós-tensionamento de vigas, colunas ou juntas existentes. Assim, neste documento, são feitos esforços para descrever as diferentes técnicas de reabilitação disponíveis e a sua adequação a condições específicas. O encamisamento é excelente para pilares, mas pode não ser muito eficaz para vigas ou lajes.

Swayambhu Bhalsing, et. al (2014) [10] investigou que o aumento da tensão se deve ao aumento da área de contacto entre as malhas de arame e a argamassa, ou seja, ao aumento da superfície específica do ferrocimento. Para atingir valores mais elevados de superfície específica, é necessário aumentar o número de camadas de malhas. O comportamento deste tipo de ferrocimento é estudado, o que inclui propriedades mecânicas para determinar as relações entre a resistência à tração do ferrocimento e a superfície específica, utilizando várias combinações de malhas a utilizar no ferrocimento.

Jagtap Nikhil L. e Mehetre, P.R. (2015) [11] Neste projeto, o estado da estrutura existente é avaliado com recurso a NDT'S e propõe-se a ampliação da estrutura. O edifício foi projetado de acordo com o estado da arte há mais de 40 anos e não satisfazia os requisitos actuais. O estudo do projeto trata do reforço e da melhoria do desempenho da estrutura existente por meio de Retrofitting, de modo a que a estrutura possa ter um bom desempenho quando for sujeita a cargas adicionais. O edifício é um edifício residencial comunitário com G+2 andares. A utilidade ou objetivo do edifício é a realização de reuniões sociais. O número de andares que se propõe alargar é de três. O presente trabalho trata dos ensaios não destrutivos dos elementos estruturais existentes, da determinação da capacidade de carga e de momento dos elementos estruturais antes e depois da ampliação, do método aplicado para o reforço da estrutura e do projeto dos elementos estruturais existentes, tais como as vigas e os pilares R.C.C., de acordo com a capacidade de carga necessária.

Li Bo, et. al (2013) [12] investigou o método proposto para reabilitar juntas viga-pilar interiores de betão armado utilizando revestimentos de ferrocimento com reforços diagonais. Este método melhora o desempenho sísmico de juntas entre viga e pilar que não apresentam boas condições e repara o revestimento de betão sem aumentar as dimensões das juntas. O ferrocimento, composto por argamassa e rede metálica, foi aplicado para substituir o revestimento de betão e aumentar a resistência ao corte das juntas. Foram instalados reforços diagonais para reduzir as forças transferidas para o núcleo da junta. Foram preparados e ensaiados um espécime de controlo e três espécimes reforçados sob carga cíclica quase-estática. Foram considerados três tipos de argamassas para cada provete reforçado. Os resultados dos ensaios indicaram que o método de reabilitação proposto pode melhorar o desempenho sísmico das juntas viga-pilar interiores utilizando ferrocimento com argamassa de elevada resistência. A resistência da argamassa é o fator vital que afecta o desempenho dos espécimes reforçados. Os parafusos de ancoragem instalados na interface entre o ferrocimento e o substrato de betão melhoram a ligação e o desempenho global. Por fim, é proposto um método para prever a resistência ao corte de juntas reabilitadas por revestimentos de ferrocimento com reforços diagonais.

Kazemi Mohammed Taghi e Morshed Reza (2005) [13] apresentam os resultados de um estudo experimental para avaliar uma técnica de reabilitação para reforçar pilares curtos de betão com deficiências de corte. Nesta técnica, é utilizado um revestimento de ferrocimento reforçado com malhas de aço expandido para o reforço. Foram ensaiados seis pilares curtos de betão, incluindo quatro espécimes reforçados. Os espécimes foram submetidos a uma força axial de compressão constante da capacidade de carga axial do pilar com base no betão bruto original e na resistência à compressão do betão. Os espécimes originais falharam antes de atingir a sua resistência à flexão calculada e tinham uma ductilidade muito fraca. Os espécimes reforçados atingiram a resistência nominal à flexão e tinham uma capacidade de ductilidade. Com base nos resultados dos ensaios, pode concluir-se que os revestimentos de ferrocimento reforçados com malhas de aço expandidas podem ser utilizados eficazmente para reforçar pilares de betão com deficiências de cisalhamento.

Jayasree, S., et. al (2016) [14] investigou que a corrosão das armaduras é uma das principais causas de deformação das estruturas de betão de cimento armado (CCR), o que afecta a capacidade de carga e a sua durabilidade. É muito difícil eliminar completamente as hipóteses de corrosão; podem ser utilizados métodos de reequipamento adequados como medida para o reequipamento de estruturas danificadas pela corrosão para ganhar a sua resistência original. O presente trabalho trata do estudo da degradação da capacidade de carga última dos elementos de flexão devido à corrosão. Foram moldadas vinte e uma vigas de CCR, das quais três vigas foram mantidas como espécimes de controlo e as restantes foram sujeitas a diferentes níveis de corrosão, de modo a obter seis espécimes para cada nível de corrosão. A corrosão acelerada foi induzida através do método da corrente impressa. A partir de cada nível de corrosão, três vigas foram submetidas a uma carga correspondente à carga última dada pelos restantes três provetes correspondentes a esse nível de corrosão. Foram ensaiadas sob carga de dois pontos e a resistência e o comportamento das vigas adaptadas foram comparados com os espécimes de controlo.

Giuseppe Oliveto e Massimo Marletta (2005) [15] investigaram a possibilidade de adaptação sísmica de edifícios de betão armado não concebidos para resistir à ação sísmica. Após uma breve introdução à forma como a ação sísmica é descrita para efeitos de projeto, são apresentados métodos para avaliar a insegurança sísmica dos edifícios existentes. Os métodos tradicionais de reabilitação sísmica são revistos e os seus pontos fracos são identificados. São revistos os métodos e filosofias modernos de reabilitação sísmica, incluindo o isolamento da base e os dispositivos de dissipação de energia. A apresentação é ilustrada por estudos de casos de edifícios reais onde foram aplicados métodos de reabilitação tradicionais e inovadores.

Komal Bedi (2013) [16] estudou que o processo de reabilitação é um termo geral que pode consistir numa variedade de tratamentos, incluindo: preservação, reabilitação, restauro e reconstrução. A seleção da estratégia de tratamento adequada é um grande desafio no processo de reabilitação e deve ser determinada individualmente para cada projeto. Dependendo dos objectivos do projeto, a preservação e a renovação de edifícios podem envolver uma série de considerações técnicas diversas, tais como a segurança contra incêndios, riscos geotécnicos e soluções, intempéries e infiltração de água, desempenho estrutural sob cargas sísmicas e de vento.

Navya, G. e Agarwal Pankaj (2016) [17] estudam a reabilitação sísmica, que consiste na modificação de estruturas existentes de modo a melhorar o comportamento do sistema ou a reparação dos seus componentes de acordo com o desempenho esperado. A avaliação sísmica pormenorizada e a avaliação da insegurança da estrutura são os principais ingredientes para se chegar a um esquema de reabilitação adequado. Este estudo apresenta um processo completo de reabilitação de um edifício projetado com duas filosofias diferentes, ou seja, de acordo com a IS 456: 2000 e a IS 1893 (Parte 1): 2002 e adaptado com contraventamento em aço. A análise de fragilidade também foi efectuada para indicar a probabilidade de danos em diferentes estados, que se reduz consideravelmente após a reabilitação do edifício.

Sakir Shamir, et. al (2016) [18] neste artigo estudou que a tecnologia do ferrocimento está a tornar-se cada vez mais importante hoje em dia para o reforço e a reabilitação de estruturas de betão, principalmente devido à sua resistência. No entanto, a sua natureza intensiva em mão de obra torna-a indesejável para trabalhos de reforço rápido. Em espaços estreitos, o reforço com ferrocimento convencional é muito crítico e também demorado. A argamassa autoflutuante (SFM) pode ser utilizada com esta tecnologia para ultrapassar estas limitações. Este artigo discute a aplicabilidade da SFM na tecnologia do ferrocimento. O objetivo deste estudo é sintetizar o conhecimento disponível sobre a SFM, de modo a tornar viável a sua otimização em diferentes aplicações industriais.

Behera Gopal Charan, et. al (2016) [19] estudou que a tecnologia de envolvimento é uma das formas eficazes de reforçar elementos de betão. Vários investigadores relataram a eficácia dos polímeros reforçados com fibra de vidro e dos polímeros reforçados com fibra de carbono para melhorar a resistência dos elementos de betão. O envolvimento em três lados é um dos métodos eficazes para reforçar as vigas que suportam lajes. Os revestimentos em "U" de ferrocimento são preferidos aos polímeros reforçados com fibras (FRP) devido ao seu fator de custo. Verifica-se que os envoltórios em "U" proporcionam uma melhor capacidade de carga de binário em todos os estados de torção, enquanto os elementos reforçados por baixo proporcionam uma melhor resistência noutros estados de torção. Do mesmo modo, as vigas completamente reforçadas por cima proporcionam uma maior capacidade de resistência ao binário do que as outras. O aumento da capacidade de tração é mais proeminente nos estados de torção, ao passo que a melhoria da resistência à tração com o número de camadas de malha no invólucro em "U" de ferrocimento é mínima.

Eskandari Hamid e Maddi Amirhossein (2015) [20] investigaram que é necessário projetar e calcular a armadura de tração para canais de ferrocimento com vários vãos utilizados em diferentes estruturas, tais como casas rurais. No entanto, tal análise é desafiadora devido à aplicação de diferentes tipos de malhas de arame, armaduras de tração e compressão diferentes e propriedades mecânicas da argamassa. O presente estudo forneceu uma amostra experimental para avaliar a deformação num canal de ferrocimento padrão.

A análise de elementos finitos Abacus Unified (FEA) foi também utilizada para modelar o canal de ferrocimento através de vários sistemas de apoios e vãos de vigas. Os resultados obtidos indicaram a precisão aceitável das simulações de elementos finitos na estimativa dos valores experimentais. Estes modelos podem assim ser utilizados como métodos rápidos, simples e económicos para calcular a deformação óptima de canais de ferrocimento para vários vãos e tamanhos de armadura de tração.

2.2 Lacuna na investigação: Todos os trabalhos de investigação acima referidos mostram os vários métodos utilizados para aumentar a resistência de vigas, pilares e juntas viga-pilar. São utilizados métodos como a técnica do revestimento quadrado, o confinamento externo utilizando revestimentos, as placas de ferrocimento, a técnica de colagem de placas, a substituição do betão armado por ferrocimento, a malha de arame hexagonal e a malha angular. Nesta investigação, o método mais preferível é o revestimento de ferrocimento na técnica de adaptação, devido às suas propriedades. Estamos a utilizar uma rede quadrada de arame soldado (1,16 mm de diâmetro) no revestimento de ferrocimento na técnica de reequipamento. No estudo acima, não há trabalho significativo sobre o uso de malha de arame soldado quadrado em revestimento de ferrocimento fornecido na técnica de retrofitting.

CAPÍTULO 3

METODOLOGIA

A Fig. 3.1 mostra a metodologia do trabalho de projeto da seguinte forma,

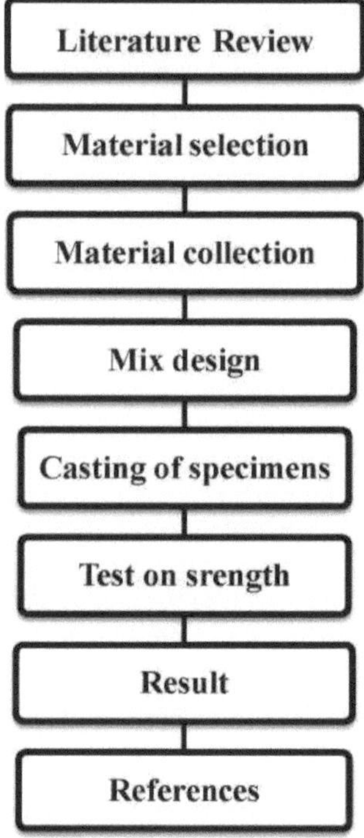

Figura 3.1 Metodologia

3.1 Programa experimental: No total, foram concebidos e moldados vinte e sete cubos, que foram testados experimentalmente. Nove dos vinte e sete cubos são cubos de betão (150mm×150mm×150mm) e os restantes dezoito são cubos de argamassa (70,6mm×70,6mm×70,6mm). Dos dezoito cubos de argamassa, nove cubos são cubos de argamassa simples e os restantes nove são constituídos por doze camadas de rede quadrada de arame soldado (diâmetro 1,16 mm e grelha 15 mm × 15 mm). Esta amostra de cubo é moldada em laboratório. Neste método, o número de camadas de malha de arame é determinado pelo ACI-549.1R-93 (Reaprovado em 1999). O programa experimental para cubos consiste numa carga de compressão. Neste trabalho, três números de cubos são testados após 3 dias de cura, 3 números de cubos são testados após 7 dias de cura e os restantes 3 cubos são testados após 28 dias de cura. Este processo foi utilizado para cubos de betão, bem como para cubos de cimento simples e de ferrocimento. Os cubos são ensaiados apenas para carga de compressão.

No total, foram concebidas e moldadas dezoito amostras de vigas, que foram testadas experimentalmente. Nove das dezoito vigas são vigas de ferrocimento (350mm×70mm×70mm) e estas nove vigas são constituídas por quatro camadas de malha de arame de soldadura quadrada intermédia. Neste método, a camada de número de malhas de arame é determinada pela norma ACI-549.1R-93 (Reaprovada em 1999) e as restantes nove são vigas de betão (700mm×150mm×150mm). Das nove vigas de betão, três vigas são vigas de betão simples e as restantes seis são vigas de revestimento de armadura de malha de arame. Destas seis vigas, três são constituídas por duas camadas de rede quadrada soldada (diâmetro 1,16 mm e grelha 15 mm × 15 mm) e as restantes três vigas são constituídas por uma camada intermédia de rede de galinheiro (13 mm × 13 mm × 24 × 24 g) e duas camadas de rede quadrada soldada (diâmetro 1,16 mm e grelha 15 mm × 15 mm). Esta amostra de viga é moldada em laboratório. Neste método, o número de camadas de malha de arame é determinado pela norma ACI-549.1R-93 (Reaprovada em 1999). O programa experimental para a viga consiste num carregamento de 3 pinos (flexão). Nestes trabalhos, a viga de ferrocimento (350mm×70mm×70mm) foi testada após 3 dias de cura, 7 dias de cura e 28 dias de cura. A viga de betão e a viga de betão encamisado (700mm×150mm×150mm) foram ensaiadas após 28 dias de cura.

Quadro 3.1 Designação do provete

Sr. No.	Designation	Description	No. of wire mesh layer
1.	Pc-1, Pc-2, Pc-3, Pc-4, Pc-5, Pc-6, Pc-7, Pc-8, Pc-9	Concrete cube - (150×150×150)mm (1:1:2)	0
2.	Pm-1, Pm-2, Pm-3, Pm-4, Pm-5, Pm-6, Pm-7, Pm-8, Pm-9	Mortar Cube- (70.6×70.6×70.6)mm (1:2)	0
3.	Pfm-1, Pfm-2,	Ferrocement cube- (70.6×70.6×70.6)mm	12 No. layer

		(1:2)	square welded wire mesh
	Pfm-3, Pfm-4, Pfm-5, Pfm-6, Pfm-7, Pfm-8, Pfm-9		
4	BF-1, BF-2,BF-3, BF-4,BF-5, BF-6, BF-7, BF-8, BF-9	Ferrocement beam(350mm×70mm×70mm) (1:2)	4 No. layer square welded wire mesh
5	PCB-1, PCB-2, PCB-3.	Plain concrete beam (700mm×150mm×150mm)	0
6	FJB-1, FJB-2, FJB-3	Ferrocement jacketing concrete beam (700mm×150mm×150mm)	2 no. square welded mesh
7	FJB-4, FJB-5, FJB-6	Ferrocement jacketing concrete beam (700mm×150mm×150mm)	1 no. chicken, 2 no. square welded mesh

3.2 Propriedades do material: Vários materiais utilizados para a fundição de espécimes como cimento, agregado, água, areia, malha de arame e barras de reforço de aço têm algumas propriedades específicas que são descritas a seguir:

3.2.1 Cimento: Neste ensaio, foi utilizado PPC (cimento Pozzolona Portland) de grau 53 (ACI 549, IR 93). O PPC é um tipo de cimento misturado que é produzido por intergrading de clínquer OPC juntamente com gesso e material Pozzolona em certa proporção ou moendo o clínquer OPC, gesso e materiais Pozzolonic separadamente ou misturando-os completamente em certa proporção.

3.2.2 Agregado: O material utilizado para o fabrico de argamassa e betão, como areia, cascalho, etc., é designado por agregado. Este pode ser utilizado para betão, material rodoviário ou betume. O tamanho do agregado utilizado para fazer blocos de betão passa pelo peneiro IS-10mm e fica retido no peneiro IS-4,75mm (ASTM C 227).

3.2.3 Água: A água é um ingrediente importante no fabrico de um betão. Neste trabalho, a água da torneira é utilizada para a moldagem dos provetes. A relação água-cimento é essencial para a moldagem dos espécimes (Comité ACI 549R-97).

3.2.4 Areia: o agregado com dimensão inferior a 4,75 mm é designado por agregado fino. A areia faz parte da categoria de agregado fino. Para a moldagem de cubos de argamassa, o tamanho da areia passa através do peneiro IS de 4,75 mm e fica retido no peneiro IS-2,36 mm (ASTM C 330). A fig. 3.2 abaixo mostra a análise por peneiração.

Figura 3.2 Análise granulométrica

3.2.5 Rede de arame de reforço em aço: As redes de arame comuns têm uma abertura hexagonal ou quadrada. As malhas com aberturas hexagonais são, por vezes, designadas por malha de rede de galinheiro ou malha de aviário. O limite de elasticidade da malha de arame é de 410 mpa. A rede quadrada de arame soldado é utilizada em revestimentos de ferrocimento na técnica de reequipamento.

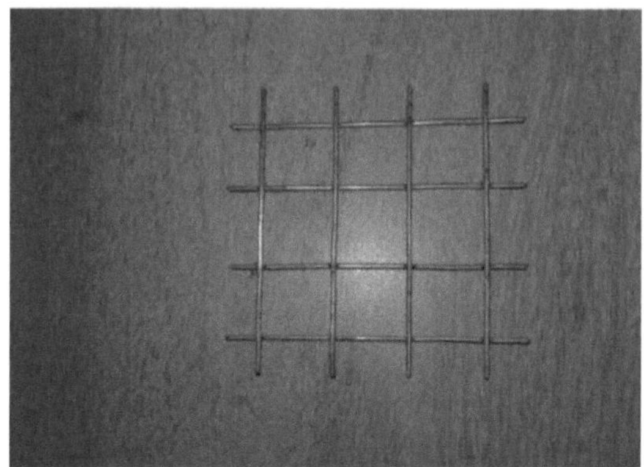

Figura 3.3 Rede quadrada de arame soldado

Malha de arame ilustrada na fig. 3.3 e na fig. 3.4.

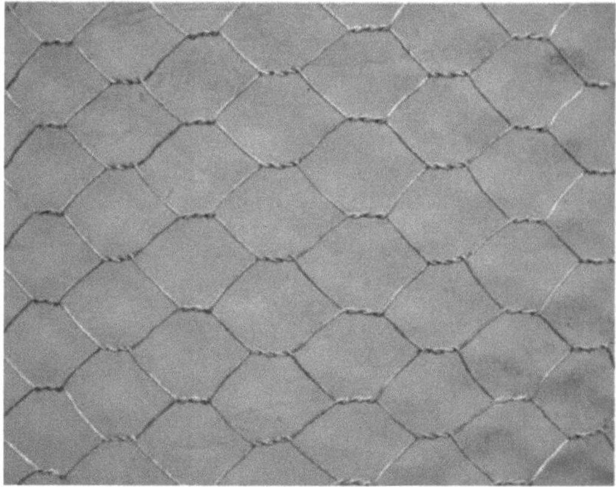

Figura 3.4 Rede de arame hexagonal

3.2.6 Reforço de aço: A armadura deve ser de aço macio e de média resistência à tração

barra de aço em conformidade com a norma IS 432 (Parte I). O módulo de elasticidade do aço deve ser considerado como 200 kN/mm^2 . As caraterísticas da tensão de cedência dos diferentes aços devem ser consideradas como a tensão de cedência mínima/0,2 por cento da tensão de prova especificada na norma indiana relevante.

3.3 Mistura: o cimento e a areia devem ser misturados em primeiro lugar no estado seco numa proporção predeterminada em peso e, em seguida, deve ser-lhe adicionada uma quantidade suficiente de água e depois virados de cabeça para baixo e para a frente até se obter uma massa homogénea de argamassa de cimento.

A mistura completa dos materiais é essencial para a produção de um betão uniforme. A mistura deve garantir que a massa se torna homogénea, uniforme na cor e na consistência. Há dois métodos adoptados para misturar o betão: (i) Mistura manual (ii) Mistura mecânica, A mistura manual é praticada para trabalhos de betão de pequena escala. Como a mistura não pode ser completa e eficiente, é desejável adicionar mais 10% de cimento para compensar o betão inferior produzido por este método. Espalhar a quantidade medida de agregado grosso e agregado fino em camadas alternadas. Deite o cimento por cima e misture-os a seco com uma pá, virando a mistura uma e outra vez até obter uma cor uniforme. A água é recolhida numa lata de água equipada com um bico de rosa e polvilhada sobre a mistura, sendo simultaneamente virada. Esta operação é continuada até se obter um betão homogéneo e uniforme.

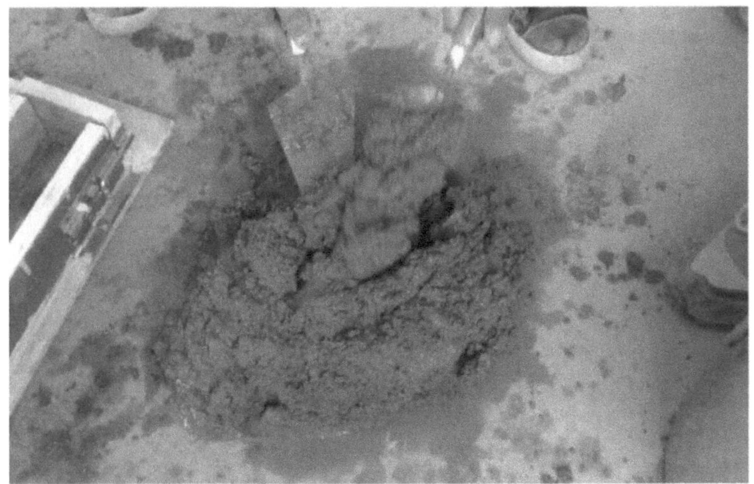

Figura 3.5 Mistura de argamassa

3.4 Pormenores da fundição: Os provetes de ensaio são os seguintes

3.4.1 Cubos: No total, foram moldados 27 cubos. 9 argamassas simples (70,6mm×70,6mm×70,6mm), 9 ferrocimentos (70,6mm×70,6mm×70,6mm) e 9 cubos de betão (150mm×150mm×150mm).

Figura 3.6 Provete antes da fundição

A fig. 3.6 mostra o cubo vazio antes do enchimento com argamassa. No total, são moldados 9 cubos de argamassa com dimensões de 70,6 mm × 70,6 mm × 70,6 mm. Todos estes cubos são moldados na proporção 1:2. Estes cubos são compactados com a ajuda de uma mesa vibratória

Figura 3.7 Amostra de blocos de betão

A fig.3.7 acima mostra os blocos de betão moldados. No total, são moldados 9 cubos de betão com dimensões de 150 mm×150 mm×150 mm. Todos estes cubos são moldados com betão de grau M-25 na proporção 1:1:2. Estes cubos são compactados com a ajuda de uma mesa vibratória.

Figura 3.8 Provetes de cubos de argamassa simples

A fig.3.8 mostra os cubos de argamassa. No total, são moldados 9 cubos de ferrocimento com dimensões de 70,6 mm × 70,6 mm × 70,6 mm. Estes cubos são moldados na proporção 1:2. Estes cubos são compactados com a ajuda de uma mesa vibratória.

Figura 3.9 provete de cubo de ferrocimento

A Fig. 3.9 mostra o cubo de ferrocimento antes do ensaio.

3.4.2 Viga: No total, foram moldadas 18 vigas. 9 de ferrocimento (350mm×70mm×70mm), 3 de betão simples (700mm×150mm×150mm) e 6 vigas de revestimento de ferrocimento (700mm×150mm×150mm).

Figura 3.10 Molde para viga de ferrocimento

A Fig.3.10 mostra o molde para a fundição da viga de ferrocimento (350mm×70mm×70mm). Total 9 provetes de ferrocimento moldados com rede quadrada de arame soldado de quatro camadas.

Figura 3.11 enchimento de argamassa no molde da viga

A Fig.3.11 mostra o enchimento da argamassa no molde de viga (350mm×70mm×70mm) com rede quadrada intermédia de arame soldado (diâmetro 1,16mm e grelha 15mm×15mm). O molde enche a argamassa com a proporção CM de 1:2. Esta viga é compactada com a ajuda de uma mesa vibratória. Primeiro, uma camada de argamassa é preenchida no fundo do molde e compactada com a ajuda do vibrador e, em seguida, a malha de arame com espaçador é impressa na camada de argamassa e o espaço vazio restante é preenchido com argamassa.

Figura 3.12 após a moldagem da viga de ferrocimento

O molde é completamente preenchido (a fig.3.12 mostra um molde completamente preenchido com rede de arame e argamassa).

Figura 3.13 Viga de ferrocimento

A Fig.3.13 mostra o espécime após a desmoldagem e posteriormente para cura até 28 dias sob cura em água.

Figura 3.14 Viga de ferrocimento com designação

Antes da cura, numerar estes espécimes (a fig.3.14 mostra uma viga numerada). Estes espécimes, após a fundição, são colocados num tanque de água para a cura de 3, 7 e 28 dias.

Figura 3.15 Vigas/pilar de betão simples (sem revestimento)

A Fig.3.15 mostra uma viga de betão simples. No total, 9 vigas são moldadas em betão simples (700 mm×150 mm×150 mm). Utilizar aço de reforço nestas vigas. Utilizar betão de grau 25 na proporção de mistura 1:1:2. Compactação do betão no molde com a ajuda de um vibrador.

34

Figura 3.16 Viga/pilar com revestimento de malha de arame soldado quadrado de duas camadas

A Fig.3.16 mostra o revestimento da viga com malhas quadradas soldadas de duas camadas. Das nove vigas, 3 são revestidas com malhas soldadas quadradas de duas camadas (diâmetro de 1,16 mm e grelha de 15 mm × 15 mm) e argamassadas com uma camada de 25 mm de espessura depois de amarrar a malha com a ajuda do método de enchimento por pressão.

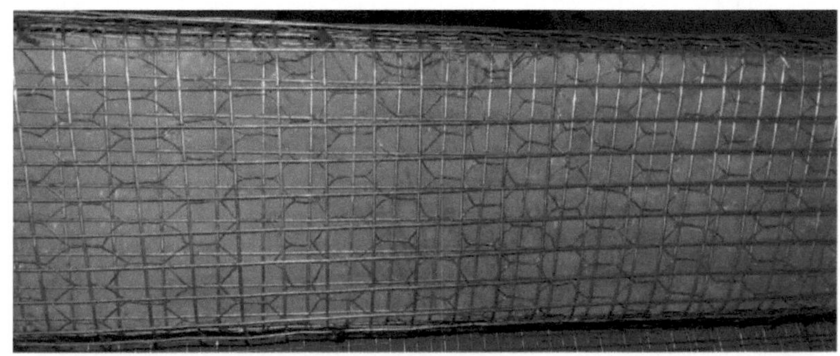

Figura 3.17 Duas camadas de rede quadrada de arame soldado e uma camada de malha de galinheiro viga/pilar

Fig.3.17 mostra o revestimento da viga com uma camada de frango e duas camadas de malha quadrada soldada. As restantes 3 vigas são revestidas com uma camada intermédia de frango

35

(13mm×13mm×24×24g) e 2 camadas de malha quadrada soldada (diâmetro 1,16mm e grelha 15mm×15mm) e argamassa com uma camada de 25mm de espessura depois de atar a malha com a ajuda do método de enchimento por pressão.

Figura 3.18 Argamassa pelo método de enchimento por pressão

Fig.3.18 mostra o método de enchimento por pressão que foi retirado do manual de construção "ferrocement a construction manual" do Dr. B. N. Divekar. Conforme mencionado no manual, podemos aplicar diretamente a argamassa em ambos os lados da malha ou na superfície exterior da malha, utilizando uma relação água-cimento adequada. Não é necessário utilizar argamassa hidráulica, jato de injeção ou bomba hidráulica para aplicar a argamassa na malha.

3.5 Procedimento de ensaio: O ensaio é efectuado em 27 cubos e 18 vigas.

3.5.1 Cubos: Após 3 dias de cura, testamos o espécime na CTM (máquina de teste de compressão), primeiro definimos o tamanho do cubo, depois colocamos o espécime na máquina e, em seguida, aplicamos a carga no espécime. A carga é aplicada tanto do lado de cima como do lado de baixo. A carga é aplicada até à capacidade de carga máxima.

Figura 3.20 Colocação do provete no CTM

Figura 3.21 Carga do provete em CTM

A Fig. 3.20 mostra a configuração do ensaio e a Fig. 3.21 mostra a carga aplicada ao cubo. Depois de obtermos a tensão e a carga no ecrã. Da mesma forma, o ensaio é efectuado para os restantes cubos durante 7 dias de cura e 28 dias de cura e anotam-se as leituras.

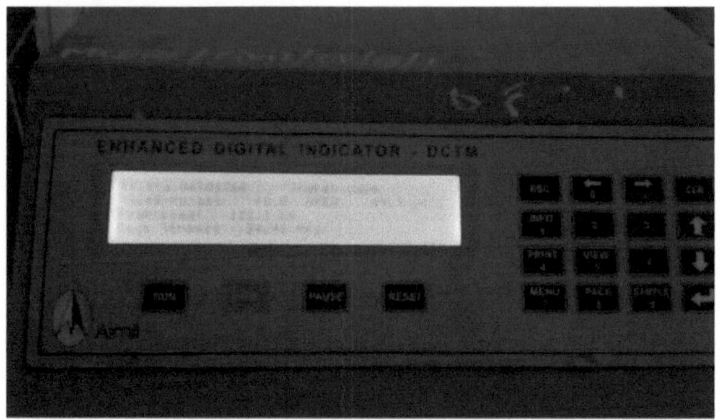

Figura 3.22 Visualizar a leitura no CTM

3.5.2 Viga: Após 3 dias de cura, testamos o espécime na CTM (máquina de teste de compressão), primeiro definimos a área da viga (350mm×70mm×70mm), depois colocamos o espécime na máquina antes de aplicar a carga no conjunto de teste do espécime preparado para o teste de carga de 3 pontos (teste de flexão). A carga é aplicada a partir do lado de cima. A carga é aplicada até à fissura final.

Figura 3.23 Configuração do ensaio em CTM

A Fig.3.23   mostra a configuração do ensaio. Depois de obtermos a tensão e a carga no ecrã do CTM. Da mesma forma, o ensaio é efectuado para as restantes seis vigas (350mm×70mm×70mm) para 7 dias de cura e 28 dias de cura e anotam-se as leituras.

Figura 3.24 Carga aplicada na viga em CTM

A Fig. 3.24 mostra a carga aplicada à viga (350mm×70mm×70mm).

Figura 3.25 fissuras obtidas na viga após aplicação de carga

A Fig.3.25   mostra as fissuras obtidas após a aplicação de carga numa viga de ferrocimento (350mm×70mm×70mm). Este padrão de fissuras mostra a ligação entre a malha de reforço e a matriz.

Após 28 dias de cura, testamos as vigas de betão simples e as vigas encamisadas de ferrocimento na UTM (máquina universal de ensaios). Coloca-se o provete de viga na UTM para o ensaio de carga de 3 pontos (ensaio de flexão). A carga é aplicada a partir do lado de cima. A carga é aplicada até à fissura final.

Figura 3.26 Viga de betão com grelha

Fig.3.26 mostra uma viga de betão simples com uma grelha de (5cmx5cm). Três vigas de betão simples são testadas para o ensaio de carga de 3 pontos (ensaio de flexão).

Figura 3.27 Configuração do ensaio

A Fig. 3.27 mostra a configuração do ensaio de carga de 3 pontos (ensaio de flexão).

Figura 3.28 Viga de betão simples após carregamento

A Fig.1.28   mostra o padrão de fissuras após o carregamento.

Figura 3.29 Viga de casaca de ferrocimento sob carga

A Fig.1.29   mostra o padrão de fissuras no momento do carregamento da viga de ferrocimento com malha de soldadura quadrada de duas camadas. A configuração do ensaio e o processo de ensaio são idênticos aos da viga de betão simples.

Figura 3.30 Viga com camisa de ferrocimento depois de carregada (duas camadas)

A Fig.1.30   mostra que as fissuras e a deflexão na viga de ferrocimento com malha de soldadura quadrada de duas camadas.

Figura 3.31 Viga com camisa de ferrocimento depois de carregada (três camadas)

A Fig.1.31   mostra a viga de ferrocimento com uma malha de galinheiro intermédia e uma malha quadrada soldada de duas camadas, o padrão de fissuras e a deflexão da viga. A configuração e o processo de ensaio são idênticos aos do ensaio de uma viga de betão simples.

Nota: *1) Aqui, o tamanho dos espécimes para a reabilitação do pilar utilizando técnicas de ferrocimento é semelhante ao dos espécimes de viga (conforme mencionado acima).*

2) Os ensaios acima referidos consideram o pilar como elemento deformado e têm como objetivo a durabilidade, a resistência à flexão e a resistência à compressão do pilar reforçado.

3) No conteúdo 3.4.2 do capítulo anterior, apenas se considera a viga de ferrocimento para verificar a resistência à flexão do ferrocimento. Ver Fig. 3.11 e 3.12.

CAPÍTULO 4

4.1 Resultados e discussão: O trabalho experimental foi concluído para cumprir os objectivos do trabalho de acordo com as respectivas diretrizes mencionadas nos artigos de investigação e nos códigos de referência. Os resultados dos ensaios são registados e os respectivos gráficos também são traçados.

Tabela 4.1 Tabela de observação para o cubo de betão

Sr. No.	Designation	Stress (MPa)	Density (Kg/M^3)	Water Curing (Day)
1.	Pc-1	18.94	2325.92	
2.	Pc-2	17.58	2189.62	3
3.	Pc-3	16.72	2245.92	
4.	Pc-4	21.39	2340.74	
5.	Pc-5	24.22	2444.44	7
6.	Pc-6	21.05	2400.00	
7.	Pc-7	25.57	2542.22	
8.	Pc-8	30.60	2625.18	28
9.	Pc-9	25.72	2376.19	

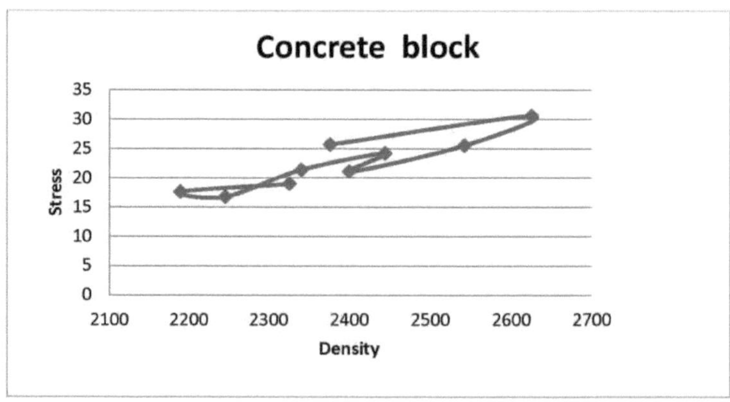

Figura 4.1 Gráfico da densidade Vs. tensão

A fig. 4.1 acima mostra o gráfico da densidade vs. tensão que é traçado depois de obtermos os resultados do ensaio dos cubos de betão.

Tabela 4.2 Tabela de observação para cubo de argamassa simples

Sr. No.	Designation	Stress (MPa)	Density (Kg/M³)	Water Curing (Day)
1.	Pm-1	14.66	2286.93	
2.	Pm-2	15.59	2301.13	3
3.	Pm-3	16.15	2386.36	
4.	Pm-4	18.43	2301.13	
5.	Pm-5	23.24	2301.13	7
6.	Pm-6	18.99	2443.18	
7.	Pm-7	34.31	2386.36	
8.	Pm-8	40.46	2130.68	28
9.	Pm-9	36.97	2197.5	

Tabela 4.3 Tabela de observação para o cubo de ferrocimento

Sr. No.	Designation	Stress (MPa)	Density (Kg/M³)	Water Curing (Day)
1.	Pfm-1	27.83	2329.54	
2.	Pfm-2	20.42	2131.68	3
3.	Pfm-3	26.73	2329.54	
4.	Pfm-4	26.51	2443.18	
5.	Pfm-5	20.82	2357.95	7
6.	Pfm-6	24.36	2414.77	
7.	Pfm-7	40.57	2585.22	
8.	Pfm-8	50.25	2329.54	28
9.	Pfm-9	40.16	2215.90	

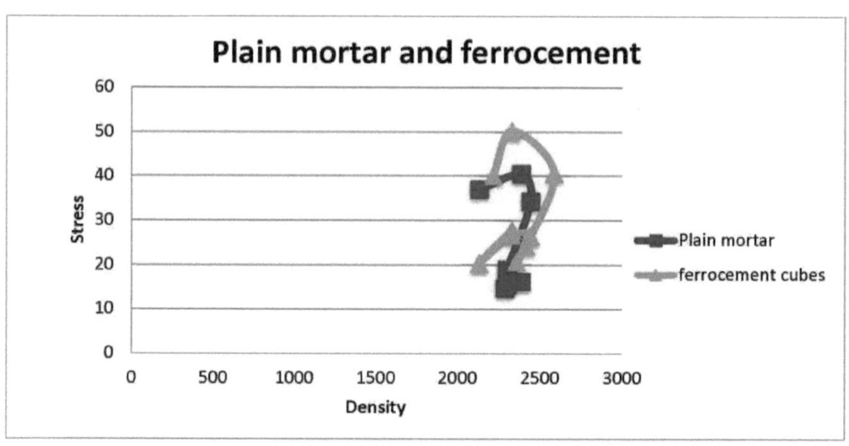

Figura 4.2 Gráfico de densidade vs. tensão

A fig. 4.2 acima mostra o gráfico de densidade vs. tensão que é traçado depois de obtermos os resultados dos ensaios de cubos de argamassa simples e de ferrocimento. O gráfico mostra que as tensões que se desenvolvem nos cubos de ferrocimento são maiores do que nos cubos de argamassa simples.

Tabela 4.4 Tabela de observação para vigas de ferrocimento

Sr. no.	Designation	Weight (Kg.)	First crack		Ultimate crack		Density (Kg/M³)	Water curing
			Load (kN)	Stress (MPa)	Peak load (kN)	Peak stress (kN/M²)		(Day)
1	BF-1	4.290	5.6	0.23	6.1	0.25	2501.45	
2	BF-2	4.300	5.6	0.23	6.2	0.25	2507.28	3
3	BF-3	3.820	5.4	0.22	5.9	0.24	2227.40	
4	BF-4	4.320	7.7	0.31	8	0.32	2518.95	
5	BF-5	4.320	5.7	0.23	6	0.24	2518.95	7
6	BF-6	4.230	6.8	0.27	3.6	0.14	2466.47	
7	BF-7	3.810	8.4	0.34	8.4	0.34	2221.57	
8	BF-8	3.940	7.9	0.32	8.2	0.33	2297.27	28
9	BF-9	4.420	7.8	0.31	5.9	0.24	2577.25	

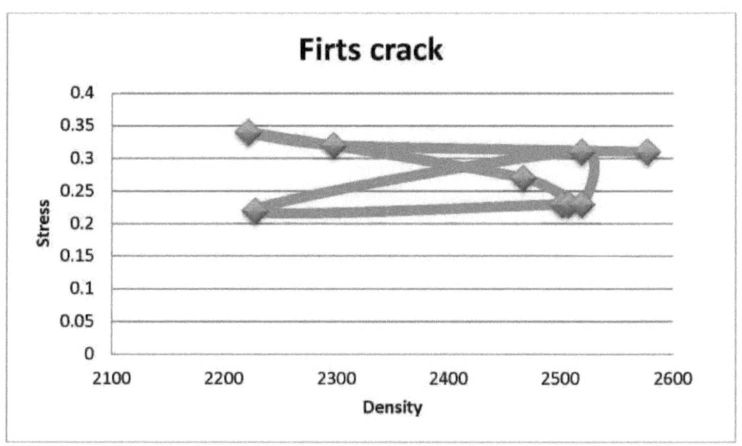

Figura 4.3 Gráfico da densidade da primeira fissura vs. tensão

Figura 4.3 Gráfico ws da viga de ferrocimento para a densidade da primeira fissura vs. tensão.

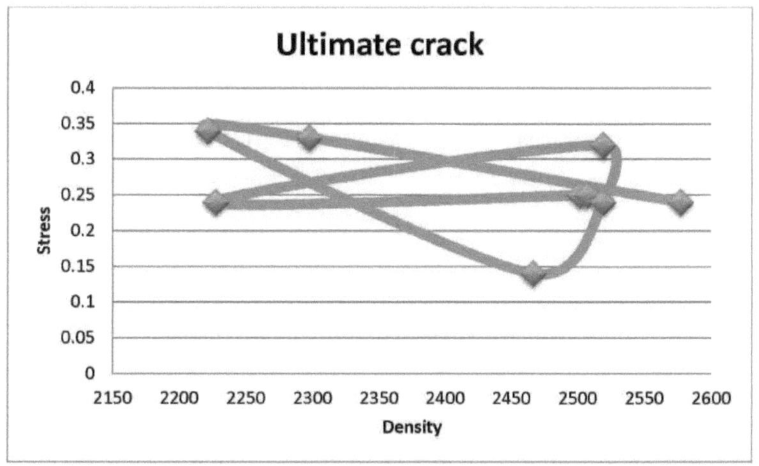

Figura 4.4   Gráfico da densidade final vs. tensão

A Fig. 4.3 mostra o gráfico de uma viga de ferrocimento para a densidade de fissuras finais vs. tensão.

Tabela 4.4 Tabela de observação para vigas

Sr. no.	Designation	Weight (Kg.)	First crack		Ultimate crack		Density (Kg/M³)
			Load (kN)	Stress (MPa)	Peak load (kN)	Peak stress (kN/M²)	
1	PCB-1	43.80	40.85	3.89	81.42	7.75	2780.95
2	PCB-2	38.79	48.75	4.64	66.35	6.28	2462.85
3	PCB-3	43.10	47.50	4.52	76.95	7.32	2736.50
4	FJB-1	61.66	59.35	5.65	86.20	8.20	3914.92
5	FJB-2	55.61	54.50	5.19	111.50	10.61	3530.79
6	FJB-3	54.66	58.15	5.53	91.25	8.96	3470.47
7	FCB-4	57.23	53.85	5.13	114.45	10.89	3633.65
8	FCB-5	58.10	53.40	5.08	98.50	9.38	3688.88
9	FCB-6	59.50	61.50	5.85	99.50	9.47	3771.77

O Quadro 4.4 mostra os resultados experimentais de todos os tipos de vigas de betão armado após o ensaio. As designações acima mencionadas, como PCB, FJB e FCB, indicam que se trata de uma viga de betão armado simples, de uma viga de betão armado com revestimento de duas camadas e de uma viga de betão armado com revestimento de três camadas, respetivamente.

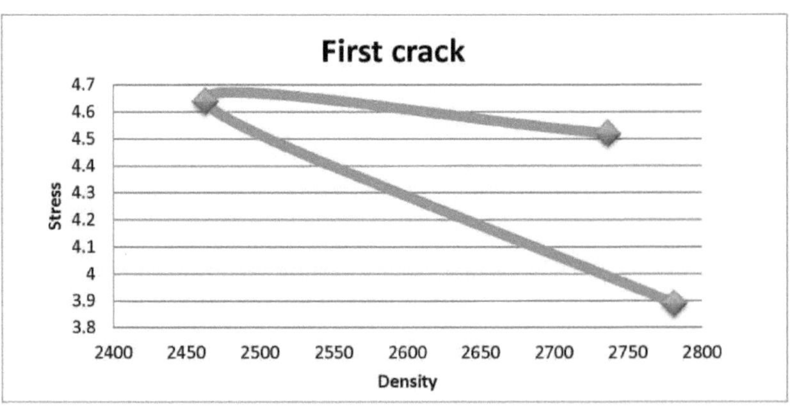

Figura 4.5 Gráfico da primeira fissura (Densidade em kg/m³ vs. tensão em MPa)

Figura 4.5   Gráfico ws da densidade da primeira fissura vs. tensão para uma viga de betão simples.

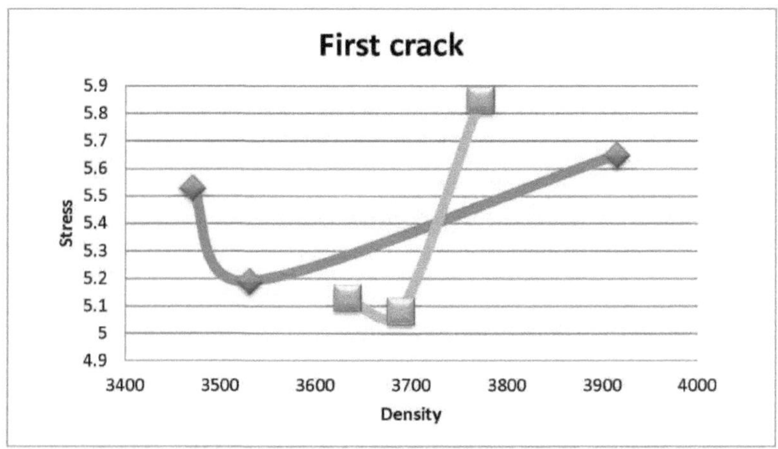

Figura 4.6   Gráfico da primeira fissura (Densidade em kg/m³ vs. tensão em MPa)

A Fig.4.6 mostra o gráfico da densidade vs. tensão para a primeira fenda das vigas de revestimento de ferrocimento. Este gráfico mostra que as densidades, bem como a tensão, do ferrocimento de 2 camadas de soldadura quadrada e de 1 camada de rede de galinheiro são superiores às da viga de revestimento de ferrocimento de 2 camadas de soldadura quadrada.

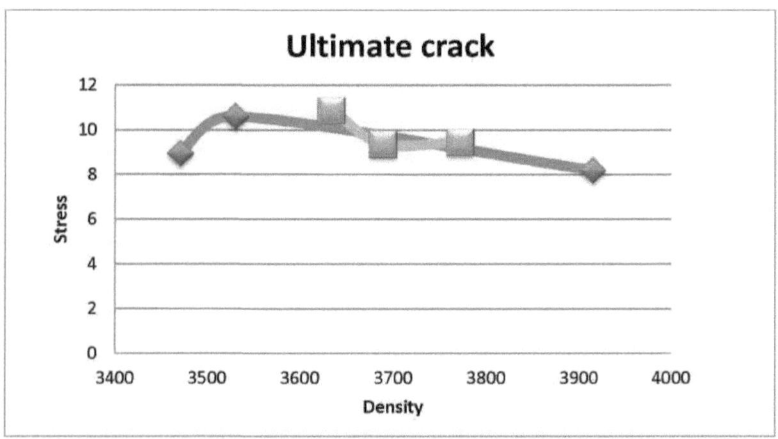

Fig.4.7   4.7 Gráfico da fissura final (Densidade em kg/m³ vs. tensão em MPa)
A Fig. 4.7 mostra o gráfico da densidade vs. tensão para a fissura final das vigas de revestimento de ferrocimento.

49

Este gráfico mostra que as densidades, bem como as tensões, do ferrocimento de 2 camadas de soldadura quadrada e de 1 camada de rede de galinheiro são superiores às da viga de revestimento de ferrocimento de 2 camadas de soldadura quadrada.

4.2 CONCLUSÕES:

> Nos ensaios experimentais de cubos de betão, a resistência média à compressão para 3 dias é de 17,74MPa, para 7 dias 22,22MPa e para 28 dias 27,29MPa.

> Nos ensaios experimentais de cubos de argamassa simples, a resistência média à compressão para 3 dias é de 15,46MPa, para 7 dias 20,22MPa e para 28 dias 37,24MPa.

> Nos ensaios experimentais de cubos de ferrocimento, a resistência média à compressão para 3 dias é de 24,99MPa, para 7 dias 23,71MPa e para 28 dias 43,69MPa.

> Comparando o resultado dos cubos de argamassa simples com os cubos de ferrocimento, a resistência à compressão dos cubos durante 3 dias aumenta 38,13%, durante 7 dias aumenta 14,71% e durante 28 dias aumenta 14,76%.

> No ensaio experimental da viga de ferrocimento (350mm×70mm×70mm), a resistência média à flexão da primeira fissura para 3 dias é de 0,23MPa, para 7 dias 0,27MPa e para 28 dias 0,32MPa e a resistência média à flexão da última fissura para 3 dias é de 0,25MPa, para 7 dias 0,23MPa e para 28 dias 0,30MPa.

> Nos ensaios experimentais de uma viga de betão simples (700mm×150mm×150mm), a resistência média à flexão da primeira fenda aos 28 dias é de 4,35MPa e a resistência média à flexão da última fenda aos 28 dias é de 7,12MPa.

> Nos ensaios experimentais da viga de ferrocimento (revestimento de malha de arame soldado quadrado de duas camadas) (700mm×150mm×150mm), a resistência média à flexão da primeira fissura para 28 dias é de 5,45MPa e a resistência média à flexão da última fissura para 28 dias é de 9,25MPa.

> Nos ensaios experimentais de vigas de ferrocimento (duas camadas de rede de arame soldado quadrada e uma camada intermédia de rede de galinheiro) (700mm×150mm×150mm), a resistência média à flexão da primeira fissura aos 28 dias é de 5,59MPa e a resistência média à flexão da última fissura aos 28 dias é de 9,91MPa.

> Comparando o resultado da viga de betão simples e da viga de ferrocimento (revestimento de malha de arame soldado quadrado de duas camadas), a resistência à flexão aumentou 1,25% para a primeira fenda e 1,29 para a fenda final.

> Comparando o resultado da viga de betão simples e da viga de ferrocimento (duas camadas de

rede de arame soldado quadrada e uma camada intermédia de rede de galinheiro), a resistência à flexão aumentou 1,28% para a primeira fenda e 1,39 para a fenda final.

> Comparando o resultado da viga de ferrocimento (revestimento de rede metálica quadrada soldada de duas camadas) e da viga de ferrocimento (revestimento de rede metálica quadrada soldada de duas camadas e um revestimento intermédio de rede de galinheiro), a resistência à flexão aumentou 1,02% para a primeira fenda e 1,07 para a fenda final.

REFERÊNCIAS:

1. Amrul Kaish, A.B.M., Alam, M.R., Jamil, M. e Wahed, M.A., *"Ferrocement jacketing for restrengthening of square reinforced concert column under concentric compressive load"*, segunda conferência internacional (2013), PP 720-728

2. Dubey, R. e Kumar, P. *"Experimental study of the effectiveness of retrofitting RC cylindrical columns using self-compacting concrete jackets"*, construction and building material 124 (2016), PP 104-117

3. Patil, S.S, Ogale, R.A. e Arun Kr. Dwivedi *"Performances of chicken mesh on strength of beam retrofitting using ferrocement jacket"*, IUSR journal of engineering (IOSRJEN) (julho de 2012), PP 01-10

4. Wang Chuanlin, Forth John P., Nikitas Nikolaos e Vasilis Sarhosis (2016) *"Retrofitting of masonry wall by using a mortar joint technique experiments and numerical validation"*; journal engineering structure 117 (2016), PP 58-70

5. Bong, J.H.L. and Ahmed, E. *"Study the structural behavior of ferrocement beam"*, UNIMAS e-journal of civil engineering, vol. 1(2) (April 2010)

6. Benipal Garbir Singh e Singh Kamaldeep (2015) "Reinforced *concrete beam retrofitted using ferrocement"*, IJEDR ISSN: 2321-9939

7. Gupta Charu, Kumar Abhishek e Khan Mohd. Afaque (março de 2016) *"Review paper on retrofitting of RCC beam-column joint using ferrocement"*, International research journal of engineering and technology (IRJET), PP 56-72

8. Makki Ragheed fatehi (Sep 2014) *"Response of reinforced concrete beams retrofitted by ferrocement"*, International journal of scientific and technology research, vol. 3,ISSN 2277-8616

9. Vaghani Minkshi V., Vasanwala Sandip A. e Desai Atul K. *"Advance retrofitting techniques for RC building. A state of an art review"*, International journal of current engineering and technology

10. Bhalsing Swayambhu, Sayyed Shoaib e Autade Pankaj *"Resistência à tração de ferrocement with respect to specific surface"*, Revista internacional de investigação inovadora em ciência, engenharia e tecnologia, (Abr. 2014)

11. Jagtap Nikhil L. and Mehetre, P.R. *"Study on retrofitted RCC building by different NDT methods"*, IOSR Journal of mechanical and civil engineering (IOSR-JMCE),[Mar- Jun2015],PP 85-89

12. Li Bo, Lam Eddie Siu-Shu, Wu Bo e Wang Ya-Yong *"Experimental investigation on reinforced concrete interior beam-column joint rehabilitated by ferrocement jacket"*, journal engineering structure 56 (2013), PP 897-909

13. Kazerni mohammad taghi e Morshed Reza *"Seismic shear strengthening of P/C column with ferrocement jacket"*, ELSEVIER (2005), PP 834-842

14. Jayshree, S., Ganesh, N. e Abraham Ruby *"Effect of ferrocement jacketing on the flexural behavior of beam with corroded reinforcement"*, ELSEVIER constructions and building materials 121(2016), PP 92-99

15. Giuseppe Oliveto e Massimo Marletta *"Seismic retrofitting of reinforced concrete building using traditional and innovative techniques"*, ISET journal of earthquake Technology, Paper no. 454 (junho-Set. 2005), PP 21-46

16. Bedi komal *"Study on various methods and techniques of retrofitting from international journal of engineering research and technology"*, (IJERT) (2013)

17. Navya, G. e Agarawal Pankaj *"Seismic retrofitting of structure by steel bracing"*, 12th conferência internacional sobre problemas de vibração, ICOUP (2016), PP 1364-1372

18. Sakir Shamir, Raman, S.N., Kaish, A.B.M.A e Mutailb, A.A. *"Self-flowing mortar for ferrocement in strengthening application"*, Perspectivas na ciência (2016)

19. Behera Gopal Charan, Gannesware Rao, T.D. e Rao, C.B.K. *"Tensional behavior of reinforced concrete beam with ferrocement U-jacketing Experimental study"*, Case studies in construction materials four (2016), PP 15-31

20. Eskandari Hamid e Maddi Amirhossein *"Investigation of ferrocement channels using experimental and finite element analysis"*, Engineering science and technology journal 18 (2015), PP 709-775

BIBLIOGRAFIA:

1. Divekar, B. N. (2012), *"Ferrocement Technology-A Construction Manual"*, Presidente da Sociedade de Ferrocimento, Pune, Índia

2. IS 456:2000, *"código de práticas do betão simples e armado"*.

3. IS 1893 (parte 1):2002, *"Critérios para a conceção de estruturas resistentes a sismos"*

4. ACI 549.1R-93, *"Guia para o projeto, construção e reparação de ferrocimento"*

5. ACI 549R-97, *"Relatório sobre o estado da arte do ferrocimento"*

6. Dr. S. K. Duggal, *"Earthquake resistance design of structure-oxford university press"*.

Printed by Books on Demand GmbH, Norderstedt / Germany